Bodenschätze
als biologische und politische Faktoren

Von

Professor Dr. Walther Roth
(Greifswald)

Berlin
Verlag von Julius Springer
1917

ISBN-13:978-3-642-90319-9   e-ISBN-13:978-3-642-92176-6
DOI: 10.1007/978-3-642-92176-6

Alle Rechte vorbehalten.

Vorwort.

Der folgende Aufsatz ist aus einem Vortrage in der „Deutschen Gesellschaft 1914" hervorgegangen; für den Druck ist er etwas umgearbeitet und erweitert worden, doch wurde die persönlichere, ich möchte sagen frischere Form des Vortrages beibehalten, da es sich nicht um tiefgründige Wissenschaft handelt, sondern um eine ganz populäre Darstellung von biologischen, chemischen und geologischen Dingen, die in unsere Politik hineinspielen. Sie sind an sich nicht neu, höchstens die Art ihrer Zusammenstellung und Verwertung.

Jenen Vortrag als Broschüre drucken zu lassen, wurde ich von vielen Seiten aufgefordert, sonst hätte ich den Schritt bei der gegenwärtigen Flut von Kriegsbroschüren nicht gewagt.

Es sei hinzugefügt, daß nach meinen persönlichen Erfahrungen über die Wichtigkeit und die Provenienz von Kali, Phosphat= und Stickstoffdünger in weiten Kreisen eine ganz überraschende Unkenntnis herrscht, während jedermann über Kohle und Eisen leidlich Bescheid weiß. Das zur Erklärung, warum im Folgen= den der Riesenstoff „Bodenschätze" mit so ungleicher Ausführlich= keit behandelt worden ist.

Nach Fertigstellung des Drucks sind mir noch folgende inter= essante Zusammenstellungen bekannt geworden, auf die ich hin= weisen möchte: Friedensburg in den Mai= und Juniheften von „Glückauf" (Nr. 19 u. ff.) über die amerikanischen Be= strebungen, Kali zu fördern; ein Aufsatz „Die Industrie der künstlichen Düngemittel und der Weltkrieg" im Mai—Juniheft der „Chemischen Industrie", S. 107 ff.; schließlich die Düngemitteldebatte im englischen Unterhause am 15. Februar d. J., abgedruckt auf S. 1131 ff. des Beiblatts der letztgenannten Zeitschrift, „Dokumente zu Englands Handelskrieg", einer Zusammenstellung von feindlichen Preßstimmen, die viel zu wenig bekannt ist.

Berlin, Anfang Juni 1917.

Walther Roth.

Ich möchte das Riesengebiet, das der Titel umschreibt, nicht erschöpfend bearbeiten, auch nicht allzuviel schweres wissenschaftliches Geschütz, Statistiken, auf den letzten Stand der Präzision gebracht, auffahren, sondern mehr eine Art von naturwissenschaftlicher Plauderei bringen, in der Chemie, Biologie und ein wenig Geologie nebst etwas Politik lose miteinander verknüpft sind.

Daß ich mich namentlich auf unsere deutschen Bodenschätze und ihre Wichtigkeit in Krieg und Frieden beziehen werde, bedarf, da der Krieg unsere Weltanschauung — Gott sei Dank! — egozentrischer gemacht hat, wohl keiner Entschuldigung.

Wie der Riese Antäus im Kampf gegen den zahlenmäßig stärkeren Herkules ziehen wir unsere Kräfte aus der Berührung mit dem mütterlichen Boden. Mit zwei Füßen steht Deutschland fest auf der Erde: Landwirtschaft und Industrie. Denn auch die Industrie muß letzten Endes bodenständig sein. Nur ein Land, dessen beide Tragsäulen gesund und kräftig entwickelt sind, steht fest auf seinen Füßen und kann auch starke, von außen kommende Erschütterungen vertragen.

Man hat die Bodenschätze wohl als wirtschaftliche Machtfaktoren eingeteilt in solche ersten Grades: Eisen, Kohle und Gold; man hat dann Kupfer, Silber, Zink, Blei und vielleicht Kali als solche zweiten Ranges angesprochen und die übrigen lieblos in eine große Rubrik zusammengefaßt. Jede solche Systematik ist künstlich und gefährlich. Wer die biologischen Notwendigkeiten anzusehen gewohnt ist, weiß, daß das Vorhandensein eines scheinbar nebensächlichen, unwichtigen Elementes eine Lebensfrage sein kann. Wenn die normale Pflanze kein

Magnesium aus dem Boden ziehen kann, vermag sie kein Blatt=
grün (Chlorophyll) zu bilden und kann somit nicht leben; wenn
dem Menschen= und Tierkörper kein Jod zugeführt wird,
kretinisiert er; wenn die Nahrung nicht genug Fluor enthält,
kann kein Zahnschmelz gebildet werden uff. In all diesen Fällen
handelt es sich um sehr kleine, aber unentbehrliche Mengen.

In der Biologie läßt sich ein Element, das fehlt oder knapp
wird, nicht durch ein ähnliches, verwandtes ersetzen, wie oft in
der Industrie, wo man sich z. B. bei gewissen Zuschlägen zum
Eisen, die knapp waren, oder beim Kupfer weitgehend mit nahen
Verwandten jener Metalle behelfen konnte. In der Biologie
hingegen handelt es sich stets um spezifische Wirkungen.

Ich möchte, wenn ich die wirtschaftlich notwendigen und zu
unserem Leben unentbehrlichen Grundstoffe durchgehe, nicht mit
den der Masse nach in erster Linie stehenden, mit Kohle und
Eisen, beginnen, sondern mit dem, was die Pflanze, die Land=
wirtschaft braucht, und auf die für die Industrie wichtigsten
Stoffe, als jedermann weidlich bekannt, nur mit Auswahl und
kürzer eingehen. Wir werden aber sehen, daß Landwirtschaft
und Industrie sich auch da stetig in die Hände arbeiten, daß auch
rein chemisch betrachtet, die beiden so oft als feindliche Brüder
angesehenen Berufsstände eng aufeinander angewiesen sind; es
ist genau so wie in der bekannten Fabel des Menenius
Agrippa, von der koordinierten Funktion der mensch=
lichen Organe.

Also beginnen wir mit der Landwirtschaft und den für die
Pflanze nötigen Bodenschätzen.

Ein jungfräulicher oder ausgeruhter Boden enthält in unseren
Breiten fast immer alles, was die Pflanze an Nahrung gebraucht,
d. h. alle Stoffe, die sie aus dem Boden ziehen muß: wie Kali,
Phosphor, Schwefel, Kalk, Magnesia, Eisen usw., auch Stick=
stoff, und zwar in direkt verwertbarer Form.

Es sind mehr Stoffe als man vielleicht denkt, die zwar in
recht verschiedenen Mengen benötigt werden, aber alle nötig
sind. Es ist allgemein bekannt, daß der Boden diese Stoffe nur

eine begrenzte Reihe von Jahren hergeben kann, daß man Raubbau treibt, wenn man nicht nachfüllt oder Brachejahre einschiebt. In diesen ruht der Boden aus und kann unter dem Einfluß der die Verwitterung bewirkenden Atmosphärilien, Kohlensäure und Wasser, die für die Pflanze nötigsten Mineralstoffe, Kali und Phosphor, in verwertbarer Form nachliefern; auch der verbrauchte Stickstoff wird durch die Bodenbakterien in nutzbarer Form neu beschafft. Brache bedeutet aber gar keinen oder sehr stark verminderten Ertrag des Bodens. Ferner ist es klar, daß die natürliche Düngung mit Stallmist und Jauche auf die Dauer nicht ausreichen kann. Die Stoffe, die in den vom Landwirt verkauften Produkten enthalten sind, gehen dem Boden, auf dem sie gewachsen waren, verloren. So verschieden die Verwertung der Abfallstoffe in den Städten ist, dem Acker des Produzenten kommen die Stoffe fast nie wieder zu gut. Sehr vieles geht in die Flüsse und ins Meer und damit unwiederbringlich verloren. Beim Austritt aus jeder Großstadt steigt der Gehalt des Flußwassers an Ammoniak, Phosphorsäure, Natrium und Kalium, der vielleicht den Fluß- und Seefischen, aber nicht dem Acker zugute kommt. Wir sind also, um das dem Boden Entnommene zu ersetzen, in immer steigendem Maße auf künstliche, mineralische Düngung angewiesen. Es ist Justus von Liebigs unsterbliches Verdienst, das gezeigt und durchgesetzt zu haben. Wir Deutsche haben Liebigs Lehren am ersten und weitgehendsten beherzigt und — sind gut dabei gefahren. Haben wir doch den Ertrag an Getreide und Kartoffeln pro Hektar in den letzten 25 Jahren, wenn man immer mit dem Durchschnitt mehrerer Jahreserträge rechnet, im Verhältnis von 1 zu 1,63 gesteigert, während die Bevölkerungsziffer in derselben Zeit nur im Verhältnis von 1 zu 1,39 gestiegen ist. Von allen europäischen Großstaaten erzielen wir weitaus die höchsten Ernteerträge pro Flächeneinheit[1], trotzdem unser Ackerboden doch nicht überall

---

[1] Hierfür als Beweis eine französische Zusammenstellung aus dem Progrès Agricole, die als gegnerische Äußerung doppeltes Gewicht hat:

besonders gut ist; aber wir verbrauchen auch weitaus am meisten Mineraldünger. Hierfür einige Zahlen als Belege:

Tabelle I.

Jahre	Mittel der Ernteerträge: Doppelzentner pro Hektar						Salpeter= einfuhr	Kopfzahl	kg Salpeter pro Kopf
	Roggen	Weizen	Hafer	Gerste	Kartoffeln	Heu	1000 t	mill.	
1884—1888	10,0	13,6	11,8	13,0	85,3	28,1	198	47,2	4,2
1889—1893	11,0	14,3	11,7	13,6	92,9	29,1	356	49,5	7,2
1894—1898	14,0	17,3	15,7	16,8	114,0	40,2	428	52,8	8,1
1899—1903	15,0	18,7	17,4	18,5	132,5	41,1	480	56,9	8,4
1904—1908	16,3	19,8	18,2	19,1	133,0	43,1	545	61,2	8,9
1909—1913	18,2	21,4	19,7	20,7	137,0	42,9	719	65,4	11,0

Zu den Zahlen ist folgendes zu bemerken: Wenn man die Reihen der Ernteerträge überblickt (oder besser sie sich graphisch aufträgt), so zeigt sich, daß der Anstieg, wenn auch allmählich in abgeschwächtem Maße, noch weiter gehen kann. Die Steigerung der Ernteerträge ist übrigens nicht ausschließlich der ver=

		Deutschland		England		Frankreich	
		1883 bis 1887	1909 bis 1913	1885 bis 1889	1909 bis 1913	1884 bis 1893	1905 bis 1914
Weizen	Hekto= liter pro Hektar	18,0	28,7	26,8	28,3	16,1	18,4
Gerste		20,6	33,3	29,3	29,8	19,2	21,9
Hafer		23,3	40,5	35,3	35,4	23,8	27,9
Kartoffeln (Doppel= zentner pro Hektar)		85	135	148	155	83	92

Der englische Mehrertrag an Kartoffeln pro Flächeneinheit rührt daher, daß dort nur auf besonders geeignetem Boden (im Kleinen) Kartoffeln gebaut werden, bei uns auf Boden aller Art. Absolut genommen, ist die englische Kartoffelerzeugung weit geringer als unsere, so daß jenes kleine Plus prozentual wenig ins Gewicht fällt. Die Steigerung der Ernteerträge in dem Zeitabschnitt von 20 bis 25 Jahren ist in Deutschland durchschnittlich 64%, in Frankreich 14% und in England nur 3%.

mehrten Kunstdüngung auf Rechnung zu schreiben, sondern rührt zum Teil auch von der immer besseren Auslese des Saatgutes her.

Daß der Ernteertrag stärker gestiegen ist als die Zahl der Verbraucher, ist natürlich außerordentlich wichtig; denn dadurch ist unser „Durchhalten" mit ermöglicht worden.

Die Salpetereinfuhr ist, wie später auseinandergesetzt wird, nur ein ungefährer Gradmesser für unseren Gesamtverbrauch an Mineraldünger, doch wurde diese Größe gewählt, weil hier eine sichere und kontinuierliche Reihe von Zahlen vorliegt. Zur Ergänzung einige Gesamtziffern: 1890 verbrauchte die deutsche Landwirtschaft etwa 16 Millionen Doppelzentner Mineraldünger, 1900 schon 31, 1905 bereits über 43, 1910 fast 57, im Gesamtwerte von etwa 380 Millionen Mark.

Zum Vergleiche einige Zahlen aus feindlichen Ländern:

Tabelle II.

Jahr	Kilogramm Salpeterverbrauch pro Kopf in				
	Deutschland	Frankreich	England	Vereinigte Staaten	Italien
um 1890	7,1	4,3	2,9	1,6	—
1895	8,2	5,1	2,6	2,6	0,3
1900	8,9	6,1	2,6	2,5	0,9
1905	8,7	5,3	2,5	3,7	1,1

Tabelle III.

	Kilogramm Kalidüngung in pro Hektar	Doppelzentner Getreideertrag pro Hektar	
Deutschland	1322	21,5	Die Zahlen beziehen sich auf das Jahr 1913.
England	189	18,6	
Frankreich	97	12,6	

Aus diesen Zahlenreihen geht wohl deutlich hervor, daß unsere immer größeren Ernteerträge mit der ausgiebigeren Mineraldüngung eng zusammenhängen.

Bei solchen Erfolgen lohnt es sich, die Natur und Herkunft unserer mineralogischen Düngerstoffe nach verschiedenen Gesichtspunkten durchzugehen, naturwissenschaftlich und politisch. — Dazu vorher ein klein wenig Biologie.

Bekanntlich ist die Pflanzenzelle zusammengesetzt aus Zellstoff, Zellsaft, Eiweiß verschiedenster Art und eventuell Reservestoffen. Aus der Kohlensäure der Luft und dem Wasser des Bodens baut die Pflanze mit Hilfe der Energie der Sonnenstrahlen in ihren Blättern Zucker, Stärke usw. auf.

Zunächst entsteht eine Art Zucker, also ein löslicher Stoff, aus dem sich dann größtenteils intermediär Stärke bildet. Wieder löslich gemacht, wird die Stärke, namentlich des Nachts, an die Wachstumsstellen befördert und dort verwertet, veratmet, d. h. verbrannt, abgebaut oder umgekehrt zum Aufbau in Form neuer oder verstärkter Zellwände benutzt.

Zur Zeit vor dem Winterschlaf oder zur Zeit der Samenreife wird der Zucker wieder in Form von Stärke oder — leider in unserem kühlen Klima weniger — von Öl in den Samen, Knollen, dem überwinternden Stamm als Reservestoff abgelagert, aufgespeichert. Diese werden im Frühjahre, beim Keimen, beim Ausschlagen der Bäume wieder abgebaut, d. h. löslich gemacht und an den Wachstumsstellen verbraucht. Dafür ein sinnfälliges Beispiel. Wenn wir im Frühjahr Spargel genießen, so geschieht das a conto der im vorhergehenden Sommer und Herbst vom grünen Spargelkraut erarbeiteten und im Wurzelstock angesammelten Reservestoffe. Nach Johanni hört man mit dem Spargelstechen auf, damit grüne, lebenskräftige Spargelpflanzen wachsen, die wieder für das nächste Jahr vorsorgen. Die Spargelköpfe als die Wachstumsstellen (Vegetationspunkte) enthalten weitaus die meisten Nährstoffe, was sich schon durch ihren kräftigeren Geschmack verrät.

Zu dem sich ständig wiederholenden Prozeß von Aufbau und Abbau („Assimilation" und „Dissimilation") ist eine unmittelbare Nachhilfe von außen, Zufuhr von Nahrung in Gestalt von Düngemitteln nicht notwendig; mittelbar indessen braucht die Pflanze dazu alle Stoffe, die zur Bildung der Lebensträger (Eiweiß, Chlorophyll und Zellsaft) erforderlich sind. Ein Lebensvorgang kann sich nur abspielen, wenn der gesamte Organismus gesund und genügend genährt ist; das gilt für Pflanzen, Mensch und Tier und auch für Staatsgebilde. — Den genannten, aus Kohlenstoff, Wasserstoff und Sauerstoff bestehenden Körpern (Zucker, Stärke, Zellstoff und Öl) steht als ein unendlich kompliziert zusammengesetzter das Eiweiß gegenüber. Dies enthält außer jenen drei Elementen noch Stickstoff und in mehr oder weniger fester chemischer Bindung Schwefel und Phosphor; das Chlorophyll außer etwas Stickstoff auch Magnesium; der Zellsaft unter anderem Salze des Kaliums und Kalziums. Beim Verbrennen (Veraschen) der Pflanze bleibt alles Kalium, Kalzium und Magnesium in der Asche, an verschiedene Säuren gebunden; aus dem schwefel- und phosphorhaltigen Eiweiß entstehen beim Veraschen die starken Säuren Schwefel- und Phosphorsäure, aus den organischen Säuren des Zellsaftes, wie Apfel-, Zitronen-, Wein- und Oxalsäure bildet sich beim Verbrennen die schwache Kohlensäure.

Der Gehalt der Asche an kohlensaurem Kali oder Pottasche bewirkt, daß eine Lösung von Holzasche sich laugenartig anfühlt wie Soda- oder Seifenlösung. Geklärte Lösungen von Holzasche wurden früher vielfach zum Waschen benutzt.

Der Stickstoff des Eiweißes geht beim Verbrennen nicht in die Asche, sondern wird aus seiner chemischen Bindung gelöst und geht als elementarer Stickstoff in die Luft.

Das Kalium, Kalzium, Magnesium, den Schwefel und Phosphor kann die Pflanze nicht aus der Luft aufnehmen, sondern nur aus dem Boden mit Hilfe ihrer Wurzeln; die höheren Pflanzen können auch den Stickstoff der Luft nicht verwerten, obwohl dieser $4/5$ der Luft ausmacht. Wie Tantalus ist die Pflanze ständig umwogt vom Überfluß und kann ihn sich doch nicht nutzbar machen.

Nur gewisse Bakterienarten vermögen den Luftstickstoff aufzunehmen und chemisch zu binden. Solche Bakterien kommen frei im Ackerboden vor und sind dort unentbehrlich. Manche siedeln sich kolonienweise als Knöllchen auf den Wurzeln gewisser Schmetterlingsblütler, wie Lupinen, an; das alte empirische Rezept, auf ganz sterilem Boden erst einmal Lupinen oder Seradella zu säen, sie dann (eventuell nach dem Abmähen) unterzupflügen und nun erst Knollen- oder Kornfrucht zu pflanzen, findet so seine chemisch-biologische Erklärung: Der stickstoffleere Boden hat sich durch die Symbionten der Lupinen und dergleichen mit chemisch gebundenem, für die Pflanze nutzbaren Stickstoff angereichert.

Was ist im Boden für die Pflanze nutzbar? Alles, was an sich löslich ist oder durch die von den Wurzelspitzen ausgeschiedenen schwachen Säuren in Lösung gebracht werden kann, also kohlensaurer Kalk, kohlensaures Magnesium oder gewisse Arten von phosphorsaurem Kalk. Nicht die festen, freien Elemente, Schwefel oder Phosphor (die wären sogar Pflanzengifte!), nicht die freien Metalle, sondern lösliche Verbindungen braucht die Pflanze: Salze, also Verbindungen der Metalloxyde mit den (meist sauerstoffhaltigen) Säuren der Nichtmetalle, wie schwefelsaurer Kalk (Gips), phosphorsaurer Kalk; an stickstoffhaltigen Verbindungen salpetersaure Salze oder Salze des sehr stickstoffreichen Ammoniaks. Streut man z. B. phosphorsauren Kalk, schwefelsaures Kali oder Ammonium auf den Acker, so schlägt man zwei Fliegen mit einer Klappe, denn sowohl die Base wie die Säure des Salzes enthält lebenspendende, durch nichts anderes ersetzbare Grundstoffe. Die für die Pflanze wichtigsten sind Kali, Phosphor und Stickstoff.

Betrachten wir zunächst dasjenige Element, für welches die Verhältnisse bei uns in Deutschland beneidenswert günstig liegen, das Kali. Jede Pflanze braucht Kali, die eine mehr, die andere weniger. Die Zuckerrübe, der Weinstock, der Tabak sind spezifische Kalipflanzen. Man braucht nur etwas Zigarrenasche in eine nicht leuchtende Flamme (Spiritusflamme oder einen seines Strumpfes beraubten Auerbrenner) zu halten, und sofort wird

der Flamme jene blauviolette Farbe erteilt, die für alle Kali=
salze typisch ist, wie die Gelbfärbung für die Natriumsalze.
Nun kurz einiges aus der Naturgeschichte des Kalis, das, wie
sein Vetter, das im Kochsalz und der Soda enthaltene Natrium,
einer der wanderlustigsten Gesellen unter den die Erde auf=
bauenden festen Grundstoffen ist. Als sich aus dem breiigen, glühenden Magma des Erdballs
die ersten Gesteine bildeten, waren es Kieselsäureverbindungen
des Aluminiums, Kalziums, Magnesiums, des Kaliums und
Natriums. Das gleiche ist der Fall, wenn Lava erhärtet. Also
die ältesten wie die jüngsten der aus feurigem Fluß entstehenden
Gesteine enthalten Kali, doch nicht in einer für die Pflanzen
zugänglichen Form. Die Gesteine verwittern unter dem Einfluß
der Luftkohlensäure und des Regens, die einen rascher, die anderen
langsamer. Auf verwitterter Lava wachsen unsere besten Reb=
stöcke, weil sie das Kali, das sie brauchen, nun in nutzbarer Form
reichlich vorfinden. Der bei der Gärung sich absetzende „Wein=
stein" ist ein Kalisalz der Weinsäure.

Das Wasser laugt die Kali= und Natriumsalze der verwittern=
den Gesteine langsam aus, sie gelangen in kleinen Mengen in die
Bäche, die Flüsse und ins Meer. Merkwürdigerweise werden
die Kalisalze von der Ackerkrume weit stärker zurückgehalten
als die Natriumsalze. Dem haben sich die Landpflanzen an=
gepaßt, sie sind Kaliverbraucher.

Aber zurück zum Wasser:

„Vom Himmel kommt es,
Zum Himmel steigt es,
Und wieder nieder
Zur Erde muß es,
Ewig wechselnd."

Bei diesem Kreislaufe verdunsten die Salze nicht mit, wohl aber
wiederholt sich der Auslaugungsprozeß und der Transport des
Gelösten ins Meer; und das seit Jahrmillionen, seit sich Wasser
in flüssiger Form auf der Erde niederschlagen konnte. So ist
das Meer immer reicher an löslichen Salzen aller Art geworden;

über den reinsalzigen Geschmack des Kochsalzes (des Natriumchlorides), das gut ³/₄ des Gesamtsalzes ausmacht, superponiert sich der mehr bittere der Kali-, Magnesia- und Kalksalze. Wird ein Meeresarm durch die Neubildung oder Hebung einer Landzunge abgeschnürt, so verdunstet das Wasser, und die in ihm enthaltenen Salze scheiden sich allmählich in Kristallen aus, nach der Reihenfolge ihrer Unlöslichkeit; der schwerlösliche Gips zuerst, dann in weit, weit reichlicherem Maße das stärker lösliche Kochsalz und eine intensiv bittersalzige, an verschiedenen Verbindungen des Kalis, Kalks und Magnesiums reiche Soole bleibt zurück. Solche Kochsalzablagerungen findet man an unzähligen Stellen der Erde, in der Wüste und in Steppen, namentlich an deren tiefsten Punkten, die keinen Abfluß zum Meere haben. Aber an ganz wenigen Orten der Erde ist die Austrocknung ungestört so weit gegangen, daß sich auch die allerlöslichsten Salze ausschieden, oder wenn sie es taten, sind sie später durch Regen oder eintretendes Meerwasser wieder aufgelöst und ins Meer zurückgeschwemmt.

Ein gütiges Geschick hat es gefügt, daß bei uns in Mitteldeutschland jene Eintrocknung vor Jahrmillionen bis ans „bittere Ende" vor sich gegangen ist und sich dann durch Wüstenstürme eine deckende, sichernde, wasserundurchlässige Schicht von Ton und Sand darüber lagerte, so daß alle im Meerwasser enthaltenen Salze, auch die leicht löslichen Kalisalze erhalten blieben. So sind unsere berühmten Kalilager entstanden, wie wir sie in fast unerschöpflichem Reichtum in der Magdeburger Gegend (Staßfurt, Schönebeck, Leopoldshall), bis nach Hannover und Mecklenburg hinein, in Thüringen (Unstrutgegend, Werratal), auch im Oberelsaß nahe bei Mülhausen finden. Nicht in allen Salzbergwerken ist die ursprüngliche Schichtung: Gips, Kochsalz, Kali- und Magnesiumsalze noch deutlich sichtbar. Schiebungen und Verwerfungen haben die ziemlich plastischen Salzmassen vielfach gefaltet und durcheinander gebracht. Überhaupt ist die hier gegebene geologische Darstellung mit Absicht stark vereinfacht und schematisch, nicht ganz modern gehalten.

Zur Zeit sind in Preußen 137, in den anderen Bundesstaaten 70 Kalibergwerke in Betrieb.

Als man die Salzlager früher nur auf Kochsalz abbaute, mußte man außer der Sand- und Tondecke auch die oberste Salzschicht wegräumen und ärgerte sich über die Menge der „Abraumsalze". Als dann aber die künstliche Düngung immer mehr aufkam, standen die Abraumsalze, ihres Kaligehaltes wegen, bald weit höher im Preise als das überall vorkommende, gemeine Kochsalz. Ähnlich ist es in der Industrie des öfteren gegangen; wir werden bald noch mehr Beispiele für die Umwertung der Werte erhalten.

Unsere Gewinnung an Kalirohsalzen und unsere Ausfuhr ist ständig gestiegen, sie hat sich in den letzten 25 Jahren verzehnfacht. Ein großer Teil wurde auf reine Salze verarbeitet, von denen wieder ein beträchtlicher Anteil exportiert wurde. Wenn also in der folgenden Tabelle IV unser Verbrauch an Kalirohsalz pro Kopf sehr stark ansteigt, so darf man nicht den Schluß ziehen, daß die Düngung unserer Äcker mit Kalisalzen ganz so stark zugenommen hat, vielmehr steckt in der letzten Zahl auch die Menge Kalisalz, die in unseren chemischen Fabriken weiter verarbeitet wurde, sowohl zum Export wie zum inländischen Verbrauch. Die zu Düngezwecken verwandten Mengen Kalisalz sind bei uns in dem Zeitraum 1900—1910 von etwa 830 000 t auf 220 000 t gestiegen.

Tabelle IV. Kalirohsalze.

Jahr	Gesamt-gewinnung Mill. Tonnen	Ausfuhr Mill. Tonnen	Inländischer Verbrauch Mill. Tonnen	Deutscher Verbrauch Kilogr. pro Kopf
1907	5,75	0,84	4,91	79
1908	6,10	0,82	5,28	84
1909	7,04	0,95	6,10	95
1910	8,31	1,18	7,13	110
1911	9,61	1,17	8,44	129
1912	11,16	1,30	9,86	149
1913	11,96	1,68	10,28	153

Tabelle V.
Ausfuhr an Kalisalzen aller Art (roh und verarbeitet).

Jahr	Gesamtausfuhr		nach den Vereinigten Staaten		nach England		nach Frankreich	
	Mill. T.	Mill. M.	Mill. T.	Mill. M.	Mill. T.	Mill. M.	Mill. T.	Mill. M.
1907	1,21	72	0,60	32	0,13	10	0,05	4
1908	1,21	73	0,55	32	0,11	8	0,10	5
1909	1,40	86	0,70	40	0,12	9	0,12	6
1910	1,78	117	1,04	61	0,10	11	0,08	7
1911	1,80	137	1,08	71	0,09	10	0,10	10
1912	1,78	125	0,90	55	0,06	9	0,11	11
1913	2,47	174	1,16	75	0,19	16	0,15	15

Wie gesagt, in keinem anderen Lande der Erde finden sich — rein zufällig — lösliche Kalisalze in erheblicher Menge. Durch die Zeitungen ging kurz vor dem Kriege die Notiz, daß man in Spanien abbauwürdige Kalisalzlager gefunden hätte; aber es ist wieder recht still davon geworden, obwohl unsere Gegner, deren Äcker nach dem Aufhören der deutschen Zufuhr sämtlich Kalihunger leiden, die spanischen Lager doch sicher ausbeuten würden, wenn — es keine „châteaux d'Espagne" wären. Wir haben jedenfalls zur Zeit das Weltmonopol auf Kali, das uns vorerst nicht genommen werden kann. Ein Ausfuhrzoll auf Kali kann uns also nach dem Frieden, wenn alle unsere Handelsbeziehungen neu geregelt werden, jedes Jahr Millionen einbringen und unsere Finanzen, ohne uns zu belasten, verbessern. Welche Umstände die obere Grenze des möglichen Ausfuhrzolls bedingen, kann hier nicht auseinandergesetzt werden. Jedenfalls brauchen wir nicht allzu schüchtern zu sein; denn Feind und Freund sind auf uns angewiesen. Ferner können wir das Kali benutzen, um von fremden Staaten notwendige Rohstoffe wie Baumwolle oder Metalle wie Kupfer und Nickel sicher zu erhalten. Vor einer kommerziellen Boykottierung, wie sie die Feinde eine Zeitlang verkündeten, schützt uns, von anderen Dingen ganz abgesehen, schon das Weltmonopol in Kali!

In französischen Zeitungen kann man lesen, wie heiß man in

Frankreich die Rückgabe Elsaß-Lothringens ersehnt, nicht nur wegen gloire und revanche, nicht nur um der Eisenerze und Kohlen wegen, von denen später die Rede sein wird; nein, einsichtige Volkswirte und Politiker betonen immer wieder: wir brauchen das Oberelsaß schon wegen der sehr ergiebigen Kalivorkommen bei Mülhausen; denn im Mutterlande haben wir keines und unsere armen Äcker bedürfen des Kalis in steigendem Maße.

Unsere Hauptkaliabnehmer waren die Vereinigten Staaten, die in den letzten Friedensjahren durchschnittlich etwa 55% unserer Kaliausfuhr sowohl an Rohsalz wie an gereinigten Salzen aufnahmen (vgl. die Tabelle V auf d. vor. S.) und insgesamt jährlich 60—75 Millionen Mark dafür ausgeben mußten. Sie hatten sich im Frieden alle Mühe gegeben, einige unserer Kalibergwerke unter ihre Kontrolle zu bringen, was noch in letzter Stunde verhindert wurde. Für ihre Tabakkulturen bezogen sie sogar von uns extra präparierte Kalidüngesalze. Amerikas Kalibedarf steigt langsam an, denn immer weitere Landstriche erlauben keinen Raubbau mehr, sondern verlangen gesteigerte Kalizufuhr. Die von uns erhältliche Menge Kalisalz nahm im Laufe des Krieges rapide ab und ist jetzt natürlich auf Null gesunken. Die hochentwickelte chemische Industrie in Amerika macht zwar alle Anstrengungen, aus dem an allen Schätzen so überreichen Boden für die Pflanze brauchbare, hochwertige Kalisalze zu ziehen, aber bisher so gut wie vergeblich. Die im letzten Jahr auf den Markt gebrachte Menge amerikanischen Kalis entsprach nur dem Friedensverbrauch von etwa einem halben Monat; der Preis war $1^1/_2$- bis 2 mal so hoch wie der von deutschem Kalisalz. Die Versuche, kalihaltige Gesteine und Mineralien wie Feldspat, Glimmer, Phonolith und Alaunstein aufzuschließen, d. h. das Kali löslich zu machen, den Verwitterungsprozeß, der in der Natur mit Schneckenpost vor sich geht, in der Fabrik bei hohen Temperaturen im Schnellzugstempo vorzunehmen, sind so gut wie mißlungen. Der Flugstaub der Zementfabriken gab etwas Kali her, aber viel zu wenig. Aus dem durch Waldbrände an Holzasche (also Pottasche, kohlensaurem Kali) reichen Boden des far west für die Pflanze brauchbare Kalisalze zu gewinnen, ist ebensowenig gelungen wie die Ausnutzung der Ablagerungen der großen Salzseen und die Gewinnung von Kali aus der Asche der riesigen Tangmassen an der Westküste. Manches Kali, das man so erhielt, war zu reich an Natriumsalzen und nicht neutral wie unsere Staßfurter Salze, sondern reich an Pottasche, also laugenartig, „Seifenersatz" und für die Pflanze schädlich. Aus Kalimangel also kann auch Amerika nicht, wie wohl ängstliche Gemüter fürchten, ad infinitum mit uns Krieg führen.

Die Ernteerträge unserer Feinde sind nicht nur absolut, sondern auch pro Hektar erheblich zurückgegangen; z. B. die französische Ernte an Getreide und Kartoffeln pro Flächeneinheit 1915/16 gegen 1912/14 um ein Sechstel, die an Zuckerrüben, einer typischen Kalipflanze, sogar um reichlich ein Fünftel. Für 1917 rechnet man bei allen Feldfrüchten mit einem noch geringeren Ertrage. Das liegt zum guten Teil, wie die feindlichen Zeitungen selbst zugeben, an der Abschneidung jeder Kalizufuhr. Je länger ein Land unter Kultur steht, oder je mehr man Raubbau getrieben hat, desto mehr Kali braucht der Boden. (Vgl. z. B. Frankreichs steigende Kalieinfuhr, Tabelle V, S. 16.) Der Kalihunger der Äcker in Feindesland ist also durch die drei Kriegsjahre verschärft, und nach Friedensschluß müssen wir mit einem erhöhten Kalibedürfnis der ganzen ackerbautreibenden Welt rechnen. Wir haben also für die Friedensverhandlungen einen Trumpf in der Hand, der so manchen feindlichen Trumpf abstechen kann. Hoffentlich wird der rechte Gebrauch davon gemacht!

Übrigens haben wir Dank unserer vollständigen Meersalzlager neben dem Kalimonopol auch beinahe ein Monopol auf Brom, den noch böser riechenden Vetter des Chlors. Kommt doch der Name von τὸ βρῶμος, der Gestank, her. Höchstens die Gegend des Toten Meeres könnte uns in Brom Konkurrenz machen, da das Wasser des Toten Meeres im Liter 6 g Brom enthält. Dort besteht aber bekanntlich noch keine Industrie. Jährlich führte Deutschland für etwa 1,5 Millionen Mark Brom und Bromprodukte aus; diese sind für die pharmazeutische und chemische Industrie unentbehrlich. Daß wir das Brom haben, hat folgende Ursache: Bromkali, Brommagnesium sind im Meerwasser in minimalen Mengen enthalten; da sie erheblich löslicher sind als die entsprechenden Chlor- und Schwefelsäureverbindungen, reichern sie sich nach dem Auskristallisieren der Hauptmenge der Kalisalze in den Endlaugen an, aus denen das Brom dann leicht gewonnen werden kann. Die Feinde klagen, daß die bromhaltigen Arzneimittel so im Preise gestiegen sind, die Franzosen außerdem noch, daß das Brom für die Stinkgranaten so häßlich teuer ist!

Das nebenbei! Nun zu einem anderen, für Pflanze, Mensch und Tier ganz unentbehrlichen Grundstoffe, bei dem ich mich erheblich kürzer fassen kann als beim Kali, dem P h o s p h o r. Unsere Knochensubstanz besteht gut zur Hälfte aus phosphorsaurem Kalk, im Eiweiß, besonders der Gehirnsubstanz, ist Phosphor enthalten, den wir Menschen direkt aus der Pflanze, oder beim Fleischgenuß indirekt über das Pflanzeneiweiß aufnehmen, während die Pflanze ihn natürlich dem Boden entnehmen muß. In kleinen Mengen findet sich Phosphorsäure wohl in jedem Boden, meist an Kalk gebunden, aber größtenteils mit anderen Kalksalzen wie Flußspat zu einer besonders schwer löslichen Verbindung, dem Apatit, verankert. Dieses Mineral verwittert weit langsamer als z. B. die kalihaltigen Kieselsäureverbindungen, so daß man das von der Pflanze dem Boden entzogene phosphorsaure Salz am besten in einer für die Pflanze d i r e k t verwertbaren Form neu zuführt, z. B. als fein gemahlenen phosphorsauren Kalk, wie er im Knochenmehl, mit nützlicher organischer Substanz und anderen Aschebestandteilen vermischt, vorliegt. Knochenmehl aber kann den Bedarf bei weitem nicht decken und kommt eigentlich nur für kleinere Grundstücke (Gemüseländereien und dergleichen) in Frage. Wichtiger ist der sogenannte Superphosphat, das ist ein mit Schwefelsäure aufgeschlossener, d. h. löslich gemachter phosphorsaurer Kalk.

Abbauwürdige Lager von phosphorsaurem Kalk (Phosphorit) finden sich in vielen Ländern. Sie sind zum großen Teil animalischen Ursprungs, aus Guano oder Koprolithen, d. h. mehr oder weniger petrifizierten Exkrementen entstanden (ich erinnere an Scheffels bekannte Lieder von den Guanovögeln und dem Ichthyosaurus). Je älter diese Lager sind, desto mehr tritt die stickstoffhaltige, organische Substanz zurück und bleibt mehr oder weniger reiner Phosphorit übrig. Als Dünger sind natürlich die jungen, stickstoffhaltigen Ablagerungen mindestens ebenso brauchbar wie die älteren phosphorreicheren. Wirklichen Guano, meist aus Peru stammend, führten wir in der letzten Zeit jährlich etwa 32000 t für rund 4 Millionen Mark ein. Die Entstehung des Phosphorits aus Guano bringt es mit sich, daß sich die Lager vielfach (jedoch nicht ausschließlich) an Küsten und vorgelagerten kleinen, öden Inseln finden.

In Deutschland haben wir wenige abbauwürdige Lager mehr, so daß wir auf Einfuhr aus Belgien, Nordfrankreich, also dem jetzt von uns besetzten Gebiet, ferner aus Florida, Tunis-Algier und Ozeanien angewiesen sind; etwas kam auch aus Deutsch-Neuguinea und unseren ozeanischen Inselkolonien.

Tabelle VI.

Phosphoriteinfuhr in 1000 Tonnen; Preis pro Tonne etwa 50 M.

Jahr	Insgesamt	Aus Belgien und Frankreich	Aus Algier und Tunis	Aus den Vereinigten Staaten	Aus Australien u. Mikronesien	Aus Deutsch-Neuguinea
1910	718	125	166	298	74	57
1911	823	107	227	379	85	17
1912	816	104	304	343	101	44
1913	923	73	299	421	89	41

Unser Bedarf an phosphorsaurem Kalk beträgt 2—3 Millionen Tonnen im Jahre. Einen Teil führen wir, zu Superphosphat verarbeitet, wieder aus. Unser wirkliches Defizit mag reichlich ½ Millionen Tonnen, etwa 27 Millionen Mark entsprechend, betragen. Aus dieser Rechnung geht hervor, daß wir im Lande doch — trotz des Fehlens abbauwürdiger Lager — große stille Reserven haben müssen. Das ist der Fall und ist eine höchst merkwürdige Geschichte. Ein überall in kleinen Mengen vorhandener Stoff, der Phosphor, reichert sich als höchst schädliche Verunreinigung bei einer Großindustrie an, man lernt ihn abscheiden und findet in der Landwirtschaft eine lukrative Verwendung für ihn. „Wat den eenen sien Uhl, is den annern sien Nachtigall."

Um Roheisen zu erzeugen, schmilzt man bekanntlich in Hochöfen Eisenerz mit Koks und gewissen Zuschlägen, die zur Bildung einer leichtflüssigen Schlacke dienen, zusammen nieder. Der Hüttenkoks, letzten Endes ein Pflanzenprodukt, enthält natürlich stets Phosphat als Aschebestandteil, ebenso enthalten die geologisch jüngeren Eisenerze, wie wir sie meist verhütten, namentlich die lothringische Minette, die ja $3/4$ unserer einheimischen Erzproduktion, $3/5$ unseres Gesamtverbrauches ausmacht, stets etwas phosphorsauren Kalk.

Wie das Kind alle Fehler der Eltern erbt, so geht auch der Phosphorgehalt von Koks und Minette auf ihr Produkt, das Roheisen, über. Das Eisen wird dadurch brüchig, und bei der Veredelung des Roheisens zum Stahl muß der Phosphor so vollständig wie möglich entfernt werden. Das machte bis in die Mitte der 70er Jahre große Schwierigkeiten. Je phosphorhaltiger ein Eisenerz war, desto niedriger war sein Wert. Das lothringische Erz belegte man darum mit einem Schimpfwort, dem Diminutiv von Mine (Erz) „Minette". Da entdeckte der englische Hütteningenieur Thomas 1875 ein einfaches Verfahren, mittels Hindurchblasen von Luft durch das flüssige Roheisen den vom Eisen gebundenen Phosphor wieder zu Phosphorsäure zu verbrennen und diese an Kalk zu binden, also den Schädling im Eisenerz, den phosphorsauren Kalk, als solchen wieder abzuscheiden, aber nun in konzentrierter Form.

Thomas' Landsleute, die Engländer, waren wieder einmal zu zäh und schwerfällig und wollten von dem neuen Verfahren nichts wissen, ebensowenig die Franzosen, obwohl beiden billiges, phosphathaltiges Eisenerz genügend zur Verfügung stand. Wir aber kauften das Patent, arbeiteten es mit deutscher Gründlichkeit durch und können seitdem die lothringischen Erze voll ausnutzen. 1871 schlug Bismarck bei den abschließenden Friedensverhandlungen, auf die nach Frankreich hinein immer reicher werdenden lothringischen Erzgruben aufmerksam gemacht, noch einige Quadratkilometer Erzrevier bei Aumetz für uns heraus, gegen Abtretung von Gelände um Belfort herum. Wäre das Thomasverfahren schon damals bekannt gewesen, so hätten wir sicher noch mehr Erzgebiet verlangt!

Das mit Phosphorsäure gesättigte Kalkfutter der Thomasbirne wird fein zermahlen, und das „Thomasmehl" kann ohne weiteres als wertvoller Dünger verbraucht werden. So wurde die früher von der Industrie gefürchtete Verunreinigung der Erze ein Segen für die Landwirtschaft, und die früher verachtete Minette ein vielumworbener Schatz; wieder einmal eine Umwertung.

Da wir zuletzt fast ³/₄ unseres Stahls nach dem Thomasprozeß läuterten, gewann die Landwirtschaft mit Hilfe der Schwerindustrie in jedem der letzten Friedensjahre gut anderthalb Millionen Tonnen Thomasmehl, und diese Menge stieg stetig an. (1902 ca. 800 000 t, 1910 1 400 000 t, 1913 ca. 1 800 000 t.)

Wir bezogen aus Französisch=Lothringen, da das an Kohlen arme Frankreich seine Erzschätze nicht ausnutzen kann, in den letzten Friedensjahren 2—4 Millionen Tonnen Erz, aus Deutsch=Lothringen 17—21, aus Luxemburg etwa 6. Mit Hilfe dieser Minette und des Thomas=Verfahrens, dem sich später das basische Martin=Verfahren anschloß, konnten wir England (seit 1903) in der Eisen= und Stahlproduktion überflügeln. Jetzt im Kriege verwerten wir natürlich die eroberten französischen Gruben des berühmten, viel genannten Erzbeckens von Briey und Longwy nach Kräften; nur mit Hilfe des Erzes aus ganz Lothringen können wir den schier unglaublich gesteigerten Stahlbedarf unserer und der verbündeten Heere decken.

Wir ersetzen aus den französischen Gruben aber nicht nur das sonst aus Spanien, Nordafrika, auch aus Griechenland bezogene

Eisenerz, von dem wir jetzt abgeschnitten sind[1]), sondern auch ein gut Teil des sonst über See bezogenen Phosphats (vgl. Tab. VI, S. 20).

[1]) Die folgende Tabelle soll zeigen, um welche Mengen und Summen es sich handelt, und wie stark der Bezug aus den einzelnen Ländern schwankt — je nach der handelspolitischen Konjunktur, dem Aufschließen neuer und dem Versiegen alter Bergwerke, sowie je nach den speziellen Bedürfnissen der Eisenindustrie; denn jede Erzart ist sozusagen ein Individuum.

Die eingeführten Erze sind durchweg eisenreicher als die einheimischen der Preis wurde, da er nicht nur vom Eisengehalt abhängt, bei den Einzelposten fortgelassen. Nach Belgien wurde mehr Erz eingeführt, als aus dem (an Luxemburg und Lothringen angrenzenden) kleinen belgischen Minetterevier eingeführt wurde. Ebenso ging eine nicht unerhebliche Menge Eisenerz aus Deutschland nach Frankreich, doch kaum aus dem Minettedistrikt. Der Einfachheit halber ist der gesamte Erzhandel mit Belgien fortgelassen und die Ausfuhr nach Frankreich vernachlässigt.

Die Ursprungsländer sind nach dem Anteil ihrer Lieferungen im Jahre 1910 aufgeführt.

Tabelle VII. (Eisenerzhandel.)

	1910		1911		1912		1913	
	1000 Tonnen	Mill. Mark	1000 Tonnen	Mill. Mark	1000 Tonnen	Mill. Mark	1000 Tonnen	Mill. Mark
Deutsches Reich	22 960	92	24 320	99	27 200	110	28 610	116
Mit Luxemburg	28 710	107	29 880	115	32 690	127	34 980	134
Gesamteinfuhr	9 820	161	10 820	179	12 120	201	14 020	227

	1000 Tonnen	1000 Tonnen	1000 Tonnen	1000 Tonnen
	1910	1911	1912	1913
Schweden	3250	3500	3880	4560
Spanien	2860	3150	3730	3630
Frankreich	1770	2120	2690	3810
Rußland	780	870	650	490
Algier	225	310	410	480
Österreich-Ungarn	200	160	100	110
Tunis	120	70	130	140
Neufundland	110	110	90	120
Griechenland	80	120	130	150
Britisch-Indien	30	30	50	30
Norwegen	unerheblich	unerheblich	110	300

Für unsere Äcker bleibt an letzterem im Kriege ein kleines Defizit, das aber ungefährlich ist, da wir unseren Boden in den letzten Friedensjahren reichlich mit Phosphat versorgt haben und die Ausfuhr von Thomasmehl und Superphosphat ja im Kriege so gut wie aufgehört hat.

All unsere Feinde klagen letzthin über Phosphatmangel: trotz dreifachem Preise sei kaum Phosphordünger erhältlich. Wenn man die Ladung der von unseren U-Booten versenkten Schiffe durchgeht, begegnet einem an Rohprodukten neben Eisenerz, Kohle, Grubenholz und Salpeter immer wieder Phosphat, meist aus Nordafrika. Neuerdings mußten die dortigen Minen die Förderung aus Mangel an Sprengstoffen einstellen, doch waren noch alte Vorräte vorhanden.

Nach Friedensschluß wird also auch starke Nachfrage nach Phosphat herrschen; nur daß wir, anders wie beim Kali, diesmal auch unter den Bedürftigen sind. Wenn es nach Frankreichs Willen geht, ist uns in Zukunft mindestens die französisch-lothringische Minettezufuhr abgeschnitten, damit also eine erhebliche Quelle für Eisenerz und für Phosphatdünger. Fast alle Franzosen fabeln ja sogar immer noch von der Wiedergewinnung Elsaß-Lothringens, viele fordern (neben wahnsinnigen Kontributionen und Fronarbeiten) schlankweg das Saargebiet dazu, das nur während der Revolutionszeit wenige Jahre lang französisch war. Das würde für Deutschland nicht mehr und nicht weniger bedeuten als den vollständigen Zusammenbruch unserer gesamten, auf Kohle und Eisen aufgebauten Industrie, dazu den Verlust von 1—2 Millionen T. Phosphatdünger (Thomasmehl). Wir wären in bezug auf Eisenerz und Phosphat fast ganz auf das „Wohlwollen" des Auslandes angewiesen, während es sich doch darum handelt, bei unserer weitgehenden politischen Isoliertheit und dem niedrigen Stand unserer Valuta, mindestens die nächste Zeit nach dem Friedensschluß die Einfuhr nach Möglichkeit einzuschränken, möglichst viele Rohstoffe aus dem eigenen Boden und den Ländern unserer Verbündeten zu gewinnen. Eisenerz und Phosphat aber können uns Österreich-Ungarn, Bulgarien und die Türkei wenig oder gar nicht liefern. Im Vergleichswege in die Abtretung auch nur des kleinsten Stückchens unseres lothringischen Erzbeckens zu willigen — auch davon ist die Rede gewesen — hieße qualifizierten Selbstmord begehen. Es würde eine starke Schwächung unserer Industrie, d. h. für viele Tausende von Arbeitern Arbeitslosigkeit und Auswanderung bedeuten.

All das wissen unsere Feinde ganz genau. Eines der am meisten gelesenen und zitierten französischen Kriegsbücher (von dem Abgeordneten Fernand Engerand geschrieben) hat den Titel: „Deutschland und das Eisen; die lothringische Grenze und Deutschlands Kraft." Engerand fälscht die Tatsachen, wenn er schreibt: „Das lothringische Erz, das Eisen wurde der Diener der deutschen Ambitionen, der Mitschuldige seines Dünkels, vielleicht die Ursache seines Größenwahns." Das gehört in das große Kapitel der französischen Kriegspsychose und Hysterie. Aber Engerand hat recht, wenn er sagt: „Der Verlust Lothringens wird für die deutsche Metallindustrie der allerhärteste Schlag sein." Das Buch, das die industrielle Entwicklung des Saarkohlereviers und des lothringischen Erzbeckens an der Hand der Akten genau schildert, soll den französischen Friedensunterhändlern später als dossier, als aidemémoire dienen. Wir Deutsche können viel daraus lernen; doch ist es in Deutschland noch viel zu wenig bekannt. Engerand scheint seiner Sache sehr gewiß zu sein; denn er spricht — und mit ihm so und so viele Minister, Journalisten und Volksredner — von dem Verluste des lothringischen Minettereviers als von einer sicheren Tatsache; die Sache liegt doch aber in Wirklichkeit anders: Zunächst haben wir Longwy und Brien, während in dem Streifchen Sundgau und Wasgenwald, wo die Franzosen stehen, kein Eisenerz vorkommt. Nur das kleinere Erzbecken um Nancy ist den Franzosen verblieben. Deutsch war übrigens das ganze Gebiet Jahrhunderte hindurch! Als Chemiker würde ich befürworten, Herrn Engerand und seinen Anhängern den

Spieß umzudrehen und das (nach Areal nicht einmal sehr große) Erzbecken von Briey-Longwy, das fest in unserer Hand ist, zu behalten; dann wäre unsere Eisenindustrie selbst bei weiter gesteigertem Erzbedarf auf über 150 Jahre hinaus gesichert. Denn die jetzt noch politisch zu Frankreich gehörigen lothringischen Gruben sind weniger abgebaut als unsere und haben stärkere Reserven. (2,9 Milliarden Tonnen Erz gegen 2,3 in Deutsch-Lothringen.) Dagegen kommen unsere anderen Erzgebiete gar nicht auf. Das Becken von Briey soll Europas reichste Erz-kammer sein. Unsere sonstigen europäischen Lieferanten, Spanien und Schweden, werden immer schwieriger, teils lassen ihre Gruben nach, teils will man das Erz mehr im Lande verhütten, statt das erblasene Roheisen von uns zu beziehen, teils will man das Erz rationieren, kontingentieren. Das Erzbecken von Briey liefert jetzt jährlich genau soviel Erz als wir im ganzen aus fremden Ländern beziehen! Bleibt aber nach dem Frieden alles beim Alten, so verläuft wieder die Grenze fast 20 Kilometer lang mitten durch ein Gebiet, das im nächsten Kriege sowohl uns wie unseren Gegnern schlechtweg unentbehrlich, eine Kriegs- und Lebensnotwendigkeit ist. Wieder würden an die 80 unserer modernsten Hochöfen von den langen Geschützen der Festung Longwy bedroht werden; aber es wäre fraglich, ob es uns nochmals gelänge, sie durch einen Handstreich zu sichern und das feindliche Erzgebiet in unsere Hand zu bekommen. Denn die Franzosen haben aus diesem Kriege dasselbe gelernt wie wir: daß ein Krieg, der länger als ein paar Wochen dauert, ein Krieg des Materials, der Hochöfen und Fabriken wird, und daß Eisen zum Kriegführen ebenso wichtig ist wie Gold. Ein zweites Mal werden die Franzosen nach Möglichkeit dafür sorgen, daß sie mit der Stahlzufuhr nicht wieder auf England und Amerika angewiesen sind und „Gold für Eisen" geben müssen. Also lassen wir das Erzgebiet zusammen und behalten wir es, nach dem Prinzip: J'y suis, j'y reste; zum Wohle unserer Industrie und Landwirtschaft und unseres National-vermögens! Denn dann brauchten wir keine Erzzufuhr aus

fremden Ländern mehr, die das seegewaltige England uns ab=
schneiden könnte, und Millionen blieben im Lande! —
Ganz kurz kann ich mich bei einigen anderen für die Pflanze
nötigen Stoffen fassen, wie Schwefel, Kalk und Magnesia. Hat
ein Acker Mangel an einem von ihnen, so ist dem ohne Schwierig=
keiten abzuhelfen. Die Stoffe kommen in jedem Lande vor und
bieten keine politischen Probleme.

Ich möchte nur kurz an die hübsche Geschichte erinnern, wie
Benjamin Franklin, Woodrow Wilsons und Lansings
berühmterer Vorgänger in der amerikanischen Diplomatie, seinen
Landsleuten den Nutzen der Düngung mit schwefelsaurem Kalk,
alias Gips, ad oculos demonstrierte. Auf einem an Kalk und
Schwefel armen Acker ließ er vor dem Einbringen der Kleesaat
mit Gipsbrei in riesigen Buchstaben schreiben: „Hier ist gegipst."
Die Worte leuchteten dann nach einigen Wochen in prangendem
Grün, während ringsumher der Stand des Klees denkbar zu
wünschen übrig ließ. —

Hingegen ein Problem, und zwar ein so kompliziertes, daß
ich es nur leicht umschreiben kann, ist die Frage nach der Stick=
stoffversorgung unserer Landwirtschaft. Da sind Industrie und
Landwirtschaft bis zu einem gewissen Grade Konkurrenten, doch
hat die chemische Großindustrie auf Grund der Entdeckungen von
Nernst, Haber, Frank, Caro und ihren Mitarbeitern Rat
zu schaffen gewußt, so daß wir Deutsche von dem mineralischen
Stickstoff zur Zeit unabhängig geworden sind und die Luft auch
chemisch erobert und in unsere Dienste gezwungen haben.

Daß keine höhere Pflanze den Luftstickstoff assimilieren kann,
sondern lösliche Stickstoffverbindungen im Boden vorfinden muß,
ist schon S. 11 erwähnt worden. Die natürliche Nachlieferung
der entnommenen Stickstoffverbindungen geht langsam vor sich,
also muß man, um Bracheperioden zu umgehen, mineralischen
Stickstoffdünger geben, wo nicht durch günstige Umstände be=
sonders viel Jauche zur Verfügung steht.

Der am längsten bekannte und benutzte mineralische Stick=
stoffdünger ist bekanntlich der Salpeter, der aber auch von

— 28 —

der Industrie, der Farb- und der Sprengstofftechnik nötig gebraucht wird. Jetzt im Kriege ist er der letzteren ausschließlich vorbehalten: sind doch alle vom Heere benutzten Sprengstoffe für Geschütze, Handgranaten, Spreng- oder Wurfminen Abkömmlinge der Salpetersäure. Salpeter ist ein Salz der Salpetersäure und besteht aus dem betreffenden Metallatom, z. B. Natrium oder Kalium, Stickstoff und viel Sauerstoff. Die Pflanze benutzt den Stickstoff, die Sprengindustrie den Sauerstoff.

Praktisch kommt für die Düngung fast nur der Natronsalpeter in Frage; er ist außerordentlich löslich: für die Pflanze ein Vorteil, für den Landwirt eher ein Nachteil, da das auf den Acker gebrachte Salz leicht vom Regen ausgewaschen wird und die Düngung nicht sehr nachhaltig ist. Bei der enormen Löslichkeit des Natronsalpeters kann er sich an der Erdoberfläche nur in niederschlagsfreien Gebieten halten. Das einzige abbauwürdige Vorkommen auf der ganzen Erde steht bekanntlich an der Westküste des mittleren Südamerikas, in dem wirklich fast niederschlagsfreien Gebiete der Atakamawüste und nördlich davon, an.

Über die Entstehung der riesigen Lager ist man sich nicht ganz im klaren. Das Natrium und ein gewisser Gehalt an Jodsalzen weist darauf hin, daß die Lager irgendwie durch Oxydation von Meeresorganismen, vielleicht Tangablagerungen, entstanden sind, denn gewisse Tangarten vermögen die in minimalen Mengen im Meerwasser enthaltenen Jodsalze aufzuspeichern.

Infolge dieses Jodgehaltes ist der Chilesalpeter zugleich die größte Jodquelle der Welt; wir bezogen, als chemische Weltvormacht, jährlich für etwa 5 Millionen Mark Jod aus Chile und waren auch für das Jod Chiles Hauptabnehmer.

Das Salpetergebiet gehörte früher zu drei Staaten: Peru, Bolivia und Chile. Als immer mehr Salpeter für die Landwirtschaft gebraucht wurde, bekam es der ein biologischer Faktor gewordene Salpeter mit der Politik zu tun, und im sogenannten Salpeterkrieg riß der kräftigste der drei Staaten, Chile, (1880) das ganze Gebiet an sich. Seitdem ist der Ausfuhrzoll auf

Salpeter (52 Mark pro Tonne) das Rückgrat der chilenischen Finanzen, etwa wie der auf Eisenerzausfuhr dasjenige der schwedischen; denn Chile hat das Weltmonopol auf Salpeter, wie wir auf Kali und Schweden — wenigstens in Europa — auf die geologisch ältesten und reinsten Eisenerze.

Deutschland war vor dem Kriege Chiles Hauptkunde, da es fast $1/3$ der Gesamtsalpeterausfuhr aufnahm, jetzt sind England und die Vereinigten Staaten die Hauptabnehmer. 1916 führte Chile anderthalbmal so viel Salpeter aus als 1914, obwohl der Absatz nach Deutschland wegfiel. Wir Barbaren verbrauchten 5—600 000 t jährlich für eminent friedliche Zwecke, für unsere Landwirtschaft, jetzt verbrauchen unsere angelsächsischen Feinde weit mehr, um uns Barbaren im Namen der Humanität und Zivilisation zu vertilgen; zu dem Zweck hat England seine Salpetereinfuhr verdreifacht, im Namen der Moral und Religion.

Unser Salpeterbedarf war bis etwa 1910 rapid gestiegen, dann, obwohl der Stickstoffverbrauch unserer Landwirtschaft weiter wuchs, bei 700—750 000 t konstant geblieben[1]), weil sich uns andere Stickstoffquellen erschlossen. 130—170 Millionen Mark zahlten wir jährlich an Chile; doch ist an den Salpeter-

[1]) Tabelle VIII.
Deutschlands Verbrauch an Chilesalpeter.

Jahr	1000 Tonnen	Millionen Mark	Kilogramm Salpeter pro Kopf
1904	485	86	8,2
1905	529	107	8,6
1906	571	120	9,3
1907	568	122	9,1
1908	581	112	9,2
1909	637	115	10,0
1910	723	129	11,2
1911	703	128	10,8
1912	785	173	11,9
1913	747	166	11,2

gruben sehr viel deutsches Kapital beteiligt. Die Landwirtschaft verbrauchte stets 75—80% der Salpetereinfuhr; doch verwendeten wir neben diesen 5—600000 t Chilesalpeter in den letzten Jahren Kalksalpeter, wie er in Norwegen mit Hilfe von Wasserkräften gewonnen wird, und vor allem in steigendem Maße das schwefelsaure Salz des Ammoniaks (1908—1913 3—500000 t[1]). Der Stickstoff ist im Ammonsalz an Wasserstoff gebunden und muß von den Bodenbakterien erst zu Salpeter oxydiert werden. Das Ammonsulfat wirkt darum als Dünger langsamer, aber nachhaltiger als der direkt von der Pflanze verwertbare Salpeter.

Ehe wir das Ammoniak nach Habers elegantem Verfahren aus den Grundstoffen Stickstoff und Wasserstoff aufbauen lernen, war der Stickstoff in dem den Pflanzen zugeführten Ammoniumsulfat durchweg selbst alter Pflanzenstickstoff, der vor Jahrmillionen in dem Protoplasma riesiger Baumfarne und Schachtelhalme enthalten war; diese waren irgendwie unter Erdmassen begraben, zersetzten sich bei Luftabschluß, erhöhtem Druck und erhöhter Temperatur und lieferten so unsere Steinkohle.

Bei der Verkokung der Steinkohle gewinnen wir im Gaswasser etwa $1/5$ des in der Kohle enthaltenen Stickstoffs, meist in Form von Ammoniak, $4/5$ bleibt beim Koks oder geht in das Gas und geht bei der Verbrennung leider als elementarer Stickstoff wieder in die Luft; bei unmittelbarer Verbrennung der Steinkohle wird der gesamte chemisch gebundene Stickstoff frei und geht somit für uns verloren. Denn nur mit sehr großem Energieaufwand kann der freie Stickstoff, ganz gleich, welches seine Vorgeschichte ist, wieder in den chemischen Kreislauf hineingezwungen werden. Der elementare Stickstoff ist ein Eigenbrödler, abhold jeder chemischen Verbindung. Man hat ihn im Scherz den „verstockten Junggesellen unter den Elementen" ge-

---

[1] Wir gewannen mehr Ammonsulfat, als wir verbrauchten; doch nahm unsere Ausfuhr bis 1912 ständig ab, weil der inländische Verbrauch stärker anstieg als die Produktion. Das änderte sich, als synthetisches Ammoniak (nach Haber) in größeren Mengen auf den Markt kam. So stieg 1913 unsere Ammonsulfatausfuhr und fiel zugleich unsere Salpetereinfuhr (s. vor. S.).

nannt. Nur mit List und Tücke, sei es, wenn man ihm heiß zusetzt oder starke Pression ausübt, sei es unter Zuhilfenahme von Kupplerkünsten, ist der Stickstoff zur chemischen Vereinigung mit einem anderen Element zu bringen; einmal in Fesseln geschlagen, benimmt er sich durchaus normal; gewinnt er aber durch Sprengung der Bindung seine Freiheit zurück, so ist ihm wieder schwer beizukommen. Also muß man zusehen, daß man den einmal chemisch Gebundenen gebunden hält. Drum die Mahnung, mehr Koks zu verbrennen statt Kohle, das Bestreben, die Kohle noch vollständiger zu vergasen (nach dem Wassergas- oder dem Mond-Verfahren), wobei etwa die Hälfte des in der Kohle vorhandenen Stickstoffs in gebundener Form gerettet wird. Millionen Mark, Hunderttausende von Tonnen Kohle, also wirkliches Nationalvermögen würden wir sparen, wenn wir weniger Stickstoff durch die Schornsteine jagten. Jede Tonne Steinkohle würde uns bei vollständiger Ausnutzung ihres Stickstoffs im Mittel 45 Kilo Ammonsulfat liefern können, beim Verkoken erhalten wir etwa 9, wir verkoken aber nur etwa $1/3 - 1/4$ unserer Steinkohlenproduktion (von der Braunkohle noch weit weniger), so daß insgesamt nur $1/20$ des Steinkohlenstickstoffs rationell verwertet wird. Die Frage, ob man der Steinkohle vor dem Verbrennen den gesamten Stickstoff als Ammonsalz entziehen kann, ist noch nicht spruchreif. Jedenfalls treiben wir Raubbau mit unserer Kohle. Jetzt im Kriege gezwungenermaßen, da uns ja kaum andere Kraftquellen zur Verfügung stehen als unsere Kohle. Aber sobald wir die Arme wieder frei haben, müssen wir reformieren, sonst werden uns unsere Enkel mit Recht die bittersten Vorwürfe machen wegen unserer Energie-, Kohle- und Stickstoffvergeudung. Die Bodenschätze wachsen nicht nach und müssen im Interesse der kommenden Generationen sparsam bewirtschaftet werden. Die idealen Kraftquellen sind Wasserkräfte, denn sie sind unversieglich und verursachen, einmal gefaßt, gezähmt, wenig Unterhaltungskosten, während alle mit Kohle betriebenen Maschinen vom Nationalkapital zehren. Dazu kommt folgendes: eine mit Wasserkraft betriebene Dynamomaschine nutzt die von der Natur gebotene Energie weit, weit besser aus als eine mittels Dampfmaschine betriebene; denn unsere besten Dampfmaschinen setzen höchstens 15—20 % der Verbrennungswärme der Kohle in nutzbare Arbeit um; dagegen gibt es keine Abhilfe; jener Prozentsatz gilt auch nur für große, moderne, ortsfeste Maschinen.

Deutschland als Land der Tiefebenen und Mittelgebirge ist von der Natur mit großen Wasserkräften nicht reichlich bedacht; die größten liegen im subalpinen Gebiet, also in Bayern, am Inn und seinen Zuflüssen, am Lech, an der Isar und der Donau, ferner kann der Ober- und Mittellauf des Rheins noch einige Hunderttausend Pferdekräfte mehr hergeben als bisher. Die Ausnutzung der „weißen Kohle" steckt bei uns noch in den Kinderschuhen, aber sie muß kommen, wenn auch diese oder jene Naturschönheit dabei Schaden leidet. Man hat berechnet, daß wir 1913 200 Millionen Mark für ausländische Produkte ausgegeben haben, die mittels Wasserkraftelektrizität hergestellt waren; die hätten wir fast ganz im Inlande gewinnen können. Nach dem Kriege gilt es weiter Kupfer zu ersparen, durch Aluminium zu ersetzen, denn im Lande gewinnen wir nur etwa $1/8$ des von unserer Industrie (namentlich der Elektrotechnik) verbrauchten Kupfers; Aluminium aber ist nur mittels Elektrizität herzustellen.

Aus Mangel an ausgebauten Wasserkräften haben wir unsere Kohleschätze in verstärktem Maße heranziehen müssen, wo es sich darum handelte, für das Heer oder die Landwirtschaft nötige Chemikalien zu gewinnen, die nur unter Energiezufuhr herzustellen sind.

Um die Steinkohle zu sparen, die für manche Zwecke (zur Herstellung von Hüttenkoks, als Lokomotiv- und Bunkerkohle) schlechthin unersetzbar ist, nutzen wir einen früher nicht so hoch bewerteten Schatz unseres Bodens, die riesigen Braunkohlenlager der Provinz Sachsen, stärker aus. Als geologisch junges Produkt enthält Braunkohle mehr Wasser und Sauerstoff als die Steinkohle und besitzt eine erheblich kleinere Heizkraft, verträgt also weniger leicht lange, teure Transporte; dafür bietet sie den Vorteil, nah der Erdoberfläche vorzukommen, in weit stärkeren Lagern. Wir fördern die Braunkohle direkt aus den Tagebauten, ohne großen Schacht- und Stollenbetrieb, mit Hilfe von Aufzügen, Seilbahnen und dergleichen direkt unter die Dampfkessel und erzeugen mit ihrer Hilfe in Großzentralen verhältnismäßig billige Elektrizität.

In dieser neuen Industrie sind natürlich Millionen investiert worden, für die auch in der kommenden Friedenszeit Absatz und Verzinsung sichergestellt werden muß; daher das geplante Stickstoffmonopol.

Bei dieser Verwertung der Braunkohle geht ihr Stickstoff allerdings ungenützt durch den Schornstein in die Luft, dafür wird aber unendlich mehr Luftstickstoff chemisch gebunden.

Drei Verfahren sind es hauptsächlich, nach denen man — wie gesagt unter Zuführung erheblicher Energiemengen — den Luftstickstoff binden kann, alle drei werden (wenn auch in sehr verschiedenem Umfang) in Deutschland benutzt, um Ersatz für den uns nicht mehr zugänglichen Chilesalpeter zu schaffen, zu Nutzen der Landwirtschaft und der Armee. Ist doch der Verbrauch von Pulver und Sprengmitteln in diesem Kriege so kolossal, daß uns die Zahl der im Kriege 70/71 abgegebenen Schüsse dagegen fast schützenfestmäßig vorkommt. Kürzlich wurde schwachen Seelen zur Beruhigung mitgeteilt, daß wir jetzt mehr Luftstickstoff künstlich bänden, als wir zuletzt im Chilesalpeter bezogen hatten, das wären pro Jahr reichlich 100 Millionen Kubikmeter, und die Menge wird sicher noch ansteigen.

Das erste der drei Verfahren liefert direkt Salpetersäure, verbraucht aber weitaus die meiste Energie, so daß es für uns wenig in Frage kommt; man verbindet in großen elektrischen Lichtbögen (in Blitz- oder Flammenscheibenform) bei ca. 3500° C direkt den Stickstoff und den Sauerstoff der Luft miteinander, aber nur in kleinen Mengen. Vorbedingung ist ganz billiger elektrischer Strom, wie man ihn nur durch Ausnutzung der größten Wasserkräfte (z. B. in Norwegen, auch bei Patsch an der Brennerbahn) genügend billig erzeugen kann.

Das zweite und bei weitem aussichtsreichste Verfahren, Luft-

Stickstoff zu binden, ist Habers elegante Synthese des Ammoniaks aus Stickstoff und Wasserstoff. Da ist nur etwas Energiezufuhr nötig, um Wasserstoff aus Wasser frei zu machen, aus Koks und Wasserdampf über das sogenannte „Wassergas". Die beiden gasförmigen Elemente Stickstoff und Wasserstoff werden in einem kontinuierlichen Verfahren bei mäßig hoher Temperatur (was der Chemiker mäßig warm nennt, etwa 500° C), aber hohen Drucken mit Hilfe von sogenannten Katalysatoren — Kupplerstoffen, könnte man deutsch sagen — vereinigt. Dieses Verfahren hat uns aus größter Verlegenheit gerettet, denn man hatte kurz vor dem Kriege gelernt, wieder mit Hilfe von Kupplerstoffen, das Ammoniak zu Salpetersäure zu verbrennen. Dadurch wurden wir mit einem Schlage von der Salpeterzufuhr unabhängig und die Rechnung unserer Feinde, daß wir aus Munitionsmangel bald die Waffen strecken müßten, bekam ein großes Loch. Daß wir indessen in den ersten Kriegsmonaten, ehe die neuen Verfahren im großen funktionierten, mitunter Munitionsmangel hatten, ist ja offen zugegeben. Jetzt ist dem abgeholfen worden.

Für die Landwirtschaft hatte die Entdeckung, daß man im großen und lukrativ aus Ammoniak Salpetersäure herstellen lernte, die Folge, daß die Heeresverwaltung das Ammoniak zur Munitionsherstellung verwendete, wie vorher unsere gesamten Salpeterbestände, und der Landwirtschaft die beiden ergiebigsten Stickstoffquellen abgeschnitten waren.

Selbstverständlich mußte für Ersatz gesorgt werden. Hatte doch schon Moltke gesagt: „Man kann das Deutsche Reich ohne einen Schuß vernichten, wenn man die deutsche Landwirtschaft zum Versagen bringt!"

Also wurde für die Landwirtschaft während der Kriegszeit das Ergebnis des dritten Verfahrens, Stickstoff zu binden, zum Teil freigegeben: der Kalkstickstoff.

Chemisch ist dieses Verfahren das komplizierteste, denn es verläuft in zwei Etappen, die Ausnutzung durch die Pflanze in mindestens dreien, aber energetisch hat das Verfahren den Vorteil, daß es auch mit Hilfe schwacher Wasserkräfte zu betreiben ist, wie wir sie z. B. in Bayern haben. Was den Energiebedarf anbelangt, so steht das Verfahren in der Mitte zwischen dem Salpetersäure- und dem Ammoniakverfahren. Eine der ältesten und größten deutschen Kalkstickstoffabriken ist an der Alz, dem Abfluß des Chiemsees, angelegt; an der Brennerbahn steht eine Fabrik unterhalb von Matrei. Seitdem sind noch weitere Fabriken angelegt worden. Das Verfahren ist folgendes:

In elektrischen Öfen stellt man aus Koks und gebranntem Kalk das Kalziumkarbid her, das als Muttersubstanz des Azetylens allgemein bekannt ist. Mit Hilfe gewisser Zuschläge wie Flußspat, die wieder als Kupplerstoff dienen, kann das Kalziumkarbid bei dunkler Rotglut (etwa 700° C) Stickstoff glatt aufnehmen und den Kalkstickstoff bilden. Aus ihm kann man, wie man will, alle möglichen Stickstoffverbindungen darstellen. Wie gesagt, einmal in chemische Fesseln geschlagen, ist der Stickstoff ein ganz brauchbarer Geselle, nur in freiem Zustande ist er renitent.

So kann man aus dem Kalkstickstoff Zyanverbindungen machen, man kann den gesamten Stickstoff leicht in Form von Ammoniak abspalten, aus dem Ammoniak Salpetersäure herstellen. Zur Zeit hat man den Kalkstickstoff zum Teil für die Landwirtschaft reserviert als Ersatz für den Chilesalpeter und das Ammonsulfat.

Man muß den Kalkstickstoff vor der Saat fein verteilt auf die Äcker bringen, gut untereggen, dann zersetzt er sich auf Umwegen in Ammonsalz, das seinerseits zu salpetersauren Salzen oxydiert wird. Auf schwerem Boden wirken 100 kg Kalkstickstoff so stark wie 75 kg Chilesalpeter.

Für dieses Jahr wollte die Regierung genügend solchen Stickstoffdünger bereitstellen, so daß unsere Saaten keinen Stickstoffhunger zu leiden brauchen; für das nächste Jahr stehen größere Mengen zur Verfügung.

Wir wissen ja alle, wieviel von dem diesjährigen Ernteergebnis abhängt; aber auch die nächsten Ernten — hoffentlich

Friedensernten — müssen uns, wenn irgend möglich, allein ernähren, also höchst sorgfältig vorbereitet werden.

Gegen das bei der Verkokung von Steinkohle und das synthetisch gewonnene Ammoniak sowie den Kalkstickstoff tritt bei uns der hauptsächlich in Norwegen fabrizierte Kalksalpeter oder Norgesalpeter immer mehr zurück.

Norwegen ist als ein nach Norden steil abfallendes Gebirgsland überreich an riesigen Wasserfällen, die direkt in die tiefeinschneidenden Fjorde niedergehen und damit nicht nur die billigste Elektrizitätserzeugung (das Pferdekraftjahr zu 30 Mark!) gewährleisten, sondern auch die allerbesten Verkehrsbedingungen. Die meist in französischen und englischen Händen befindlichen Fabriken (Rjukan, Notodden, Svälgefos usw.) stellen nach dem zuerst genannten Verfahren im elektrischen Großlichtbogen Salpetersäure dar und neutralisieren sie mit Kalk. Das durch Eindampfen der Lösung erhaltene Produkt ist ein vorzüglicher Kalk- und Stickstoffdünger, aber noch leichter löslich als der Natronsalpeter.

Unsere mittels Braunkohlen erzeugte Elektrizität ist teurer als die norwegische Großwasserkraftelektrizität, auch unsere (weit kleineren) einheimischen Wasserkräfte werden lange nicht so billig zu arbeiten gestatten wie die norwegische Konkurrenz es kann. Trotzdem: baut und nutzt man unsere Flüsse gut aus, so können wir (nach Rechnung von Wasseringenieuren) mit ihrer Hilfe billigeren gebundenen Stickstoff darstellen, als wir ihn bisher von auswärts bezogen. 1 kg chilenischer Salpeterstickstoff stellte sich 1913 im Großhandel auf etwa 1,25 Mark; die Preise sind inzwischen auf fast das Doppelte gestiegen. In Norwegen rechnete man 1913 für 1 kg Salpeterstickstoff 50 Pfennige Selbstkosten, der Verkaufspreis an Ort und Stelle betrug 80 Pfennige, der Landwirt zahlte bei uns etwa 1,40 Mark, während man hofft, das Kilo gebundenen Stickstoffs mit Hilfe der deutschen Wasserkräfte für 1 Mark abgeben zu können.

Über die Zukunft und Nachhaltigkeit der chilenischen Salpeterproduktion, in der viel deutsches Kapital investiert ist, gehen die

Meinungen auseinander. Jedenfalls wächst die Konkurrenz in Norwegen, Amerika, der Schweiz und Deutschland. Auch in den subalpinen Gebieten von Italien und Frankreich mehren sich die Kalkstickstoffabriken. Unerschöpflich sind die Salpeterlager Chiles nicht, wohl aber die in der Luft zur Verfügung stehenden Stickstoffmengen und die Wasserkräfte. Also müssen wir auf jeden Fall zur Schonung der schwarzen und der braunen Kohle unseren ebenso kostbaren Bodenschatz, die weiße Kohle, energischer heranziehen.

Aber zunächst ist das Zukunftsmusik. Zur Zeit kostet uns jeder Schuß, der zur Verteidigung unseres Landes mit all seinem Leben und seinen im Boden verborgenen Schätzen abgegeben wird, Kohle, unseren Feinden aber nicht, oder wenigstens in viel schwächerem Maße.

Wir sind zu diesem Verteidigungskrieg gezwungen worden: Da drängt sich doch förmlich der Gedanke auf, daß wir aus den zu unserer Sicherung besetzten feindlichen Gebieten in Zukunft wieder etwas von der Kohle nehmen, die wir zu unserer Verteidigung haben verbrauchen und unseren Nachkommen haben entziehen müssen. Das wäre eine gerechte „réparation", wie die Feinde sie immer im Munde führen.

Zu dem Zwecke — von dem ebenso nötigen Siedelungsgebiete im Osten spreche ich hier nicht — sind keine großen Strecken Landes mit art- und sprachfremder Bevölkerung vonnöten, sondern nur die direkten Fortsetzungen unserer Kohlenbecken über unsere Grenzen hinaus.

Ich denke nicht an eine phantastische Eroberungspolitik, sondern einfach an die Umkehrung gewisser Absichten unserer Feinde zu unseren Gunsten.

Die Franzosen wollen Elsaß-Lothringen wiederhaben und sagen: Da sich die lothringischen Kohlen in das Saargebiet fortsetzen, müssen wir als kohlenarmes Land das Saarkohlebecken dazunehmen, um unsere jetzige und die zur Zeit noch deutsche Minette verhütten zu können. Beide Gebiete sind geologisch und wirt=

schaftlich untrennbar. „Ist es gleich Wahnsinn, hat es doch Methode."

Ebensogut aber können wir sagen: Unser Saarkohlenvorkommen zieht sich, allerdings immer mehr in die Tiefe streichend, durch Deutsch-Lothringen, wo es schon bis südwestlich von St.-Avold abgebaut wird, bis nach Französisch-Lothringen, bis an die Gegend von Pont-à-Mousson hinein. Wenn es dort auch zur Zeit, als in zu großen Tiefen liegend, nicht abgebaut wird, wird man doch über kurz oder lang nolens volens tiefer gehen müssen. Die Technik wird dann schon Rat schaffen.

Also nehmen wir als Reserven, als späteren Ersatz für die jetzt zur Landesverteidigung verbrauchte Kohle, jene tiefer liegende Kohle, die nah beim Eisenerz, zum Teil direkt unter ihm vorkommt, also den Grenzstrich von Longwy—Brien—Pont-à-Mousson.

Belgien soll als Entschädigung für alle erlittene Unbill das Aachener Kohlenbecken erhalten. Das setzt sich nach Belgien hinein, ferner durch Holländisch-Limburg nach Antwerpen zu fort. Dort hat man — wieder in größeren Tiefen — in der Campine reiche Fettkohlenlager erbohrt, die große Zukunft haben. (Man schätzt den Vorrat auf 8 Millionen Tonnen!) Namentlich französische Firmen haben dort Mutungsrechte erworben. Suchen wir davon etwas für uns zu sichern, ebenso die von Oberschlesien nach Polen hineinstreichenden Flöze bei Sosnowice, Dombrowa und Czenstochau.

Diese — dem Areal nach nicht großen —, unseren Grenzen vorgelagerten Erz- und Kohlengebiete würden unsere Industrie und Landwirtschaft für lange Zeiten sicherstellen und von Zufuhr unabhängig machen.

Das berührt das wichtige und sehr schwierige Gebiet der Übergangswirtschaft. Rohmaterialien werden nur langsam über See hereinkommen. Die Millionen von der Front und der Etappe zurückflutenden Arbeiter müssen aber sofort Beschäftigung erhalten, die Landwirtschaft muß weiterhin, möglichst auf einheimischen Bodenschätzen fußend, uns allein versorgen können.

Wir müssen also alles dafür tun, aus unserem Boden nicht nur Kali, sondern auch Phosphor= und Stickstoffsalze zu gewinnen. Dazu ist, wie wir gesehen haben, Eisenerz und Kohle nötig. Die intensivere Bewirtschaftung unserer Äcker, die rationelle Düngung mit Mineralstoffen hat unsere Ernteerträge so gesteigert, daß es uns möglich geworden ist, „durchzuhalten". Mit Hilfe von Kali, Kalk, Phosphor= und Stickstoffdünger können wir aus Ödländereien und frisch ausgetrockneten Mooren schnell gute Erträge ziehen, wobei die Art der Düngung dem Charakter des Bodens sorgfältig angepaßt wird.

Zu all diesen Erfolgen hat die deutsche Wissenschaft, hat die Industrie der Landwirtschaft ehrlich mitverholfen.

Mögen sie auch weiter, von der deutschen Wissenschaft beraten und auf deutschen Bodenschätzen fußend, treu zusammenarbeiten und unserem Vaterlande — nach drei Jahren voll Blut und Graus — zunächst durch die schwere Zeit nach dem Kriege, aber dann wieder zu neuer Blüte helfen!

Verlag von Julius Springer in Berlin W 9

Unsere Friedensziele
Von D. Dr. **Otto von Gierke**
Geh. Justizrat, o. ö. Professor der Rechte an der Universität Berlin
Preis M. 1.60

Die Freiheit der Meere und der künftige Friedensschluß
Von Dr. **Heinrich Triepel**
Geh. Justizrat, o. ö. Professor der Rechte an der Universität Berlin
Preis M. 1.20

Die Reichsaufsicht
Untersuchungen zum Staatsrecht des Deutschen Reiches
Von Dr. **Heinrich Triepel**
Geh. Justizrat o. ö. Professor der Rechte an der Universität Berlin
Preis M. 24.—; in Halbfranz gebunden M. 29.60

Vorratswirtschaft und Volkswirtschaft
Von Dr. **Hermann Levy**
a. o. Professor in Heidelberg
Preis M. 1.—

Die neue Kontinentalsperre
Ist Großbritannien wirtschaftlich bedroht?
Von Dr. **Hermann Levy**
a. o. Professor in Heidelberg
Preis M. 1.—

Deutschlands Platz an der Sonne
Ein Briefwechsel englischer Politiker aus dem Jahre 1915
Von **Ferdinand Tönnies**
ord. Professor der Staatswissenschaften an der Universität Kiel
Preis M. —.50

Englische Weltpolitik
in englischer Beleuchtung
Von **Ferdinand Tönnies**
ord. Professor der Staatswissenschaften an der Universität Kiel
Preis M. 1.—

Zu beziehen durch jede Buchhandlung

MIX
Papier aus verantwortungsvollen Quellen
Paper from responsible sources
FSC® C105338

If you have any concerns about our products,
you can contact us on
ProductSafety@springernature.com

In case Publisher is established outside the EU,
the EU authorized representative is:
**Springer Nature Customer Service Center GmbH
Europaplatz 3, 69115 Heidelberg, Germany**

Printed by Libri Plureos GmbH
in Hamburg, Germany